MÉTHODE
ECONOMIQUE
TOUCHANT
LES PÉPINIÈRES,

Avec le développement des moyens d'en établir selon la même Méthode dans tous les Lieux où elles peuvent être de quelque utilité, suivie d'autres vues relatives à la régénération des Bois.

Par M. D'URDOS, Écuyer.

A PAU,

DE L'IMPRIMERIE DE PIERRE DAUMON,
Seul Imprimeur du Roi &c., &c. près l'Hôtel de Ville.

M. DCC. LXXXIII.

MÉTHODE

ÉCONOMIQUE

TOUCHANT LES PÉPINIÈRES,

AVEC le développement des Moyens d'en établir selon la même Méthode dans tous les Lieux, où elles peuvent être de quelque utilité , suivie d'autres vues relatives à la régénération des Bois

APRÈS avoir long-temps étudié , & comme Cultivateur, & comme Citoyen senfible au bien public, ce qui regarde les Bois, Je me fais maintenant un devoir de mettre au jour mes obfer-vations à ce fujet avec le réfultât de mes effais : on eft générale-ment perfuadé de la néceffité de pourvoir à leur repeuplement; mais on n'a peut-être pas affez confidéré, que c'eft là un des objets d'a-mélioration intérieure, fur lequel le Gouvernement peut influer le plus : il ne manqueroit à la célébrité du Miniftère actuel, que d'en entreprendre la reftauration : mon deffein eft de faire voir dans cet écrit, qu'il feroit facile d'y parvenir au moyen d'une légiflation fagement combinée. Le moyen que j'indique dans la première

A 2

partie, paroît d'autant plus digne d'attention, qu'il eſt juſtifié par l'expérience; il conſiſte à établir des Pépinières ſuivant la Méthode que j'ai eſſayée : je me flatte de n'avoir rien omis pour en faire connoître les avantages avec la manière d'en aſſurer l'exécution.

Les autres moyens que je propoſe, ſont pareillement en partie fondés ſur l'expérience; il y en a un principalement, c'eſt le troiſième, qui, s'il eſt adopté, opéreroit ſelon les apparences une heureuſe révolution. Plus la matière m'a paru importante, plus je me ſuis appliqué à l'approfondir, dans la ferme confiance, que l'époque du rétabliſſement de la Marine en France, ſera auſſi celle de la régénération des Bois.

PREMIÈRE PARTIE.

Suivant une tradition populaire accréditée par quelques Auteurs, il a été prédit que la France périra un jour faute de Bois; ſi d'une part on conſidère la conſommation, qui s'en fait, & qui s'accroît ſenſiblement par l'opulence, & le luxe des grandes Villes, par les progrès de la Marine Militaire & Marchande, par l'exportation des boiſſons, & des minots; & de l'autre, ſi l'on réfléchit ſur l'inſuffiſance des meſures priſes juſqu'à préſent pour la régénération des Bois, il eſt à croire qu'à moins d'y aviſer mieux à l'avenir, cette funeſte prédiction pourroit en quelque façon ſe vérifier dans la ſuite des temps.

Quoiqu'il en ſoit, la cherté preſque générale des Bois de conſtruction & chauffage démontre la néceſſité d'y remédier par les voies les plus efficaces.

On ſait que cette partie depuis long-temps aſſez bien dirigée dans pluſieurs Provinces n'y laiſſe preſque rien à déſirer; il n'en eſt pas de même de quelques contrées maritimes, ni de la partie Françoiſe des Pyrenées, & Pays adjacens.

Ce font ces dernières Provinces, fi intéreſſantes par leurs poſi-
tions, qui font le principal objet de cet écrit, & qui femblent devoir fixer les regards du Gouvernement.

Les Pépinières, dont on ne peut révoquer en doute l'utilité,
font néanmoins fi rares, & fi clair-femées principalement dans
ces contrées, qu'il n'en exifte pas affez pour repeupler de Bois,
ou garnir d'arbres à fruit, ce qui n'eſt guère moins utile, la ving-
tième partie des terres incultes, qu'on y rencontre prefqu'à chaque pas.

En général on juge que les communes feules occupent la dixième
partie de la France : il y en a bien plus dans les Pays qui avoifinent
les Pyrenées ; d'ailleurs que de friches dans les domaines des gens
de main-morte, & des particuliers ! Que de Bois dégradés, ou
plantés d'arbres chétifs !

Ce tableau qui pourroit être deffiné avec plus de précifion à la
vue des nouvelles Cartes Géographiques, & mieux encore à la
faveur des notices, que les Auteurs de ces Cartes pourroient y
ajouter ; ce tableau, dis-je, préfente un vuide déplorable, & a
dequoi provoquer le zèle des Adminiſtrateurs, des fociétés Eco-
nomiques, enfin des Seigneurs, Eccléfiaftiques & Laïques.

On ne craint pas d'avancer, que ni les accroiffemens dont le
commerce de la Nation eſt fufceptible, ni les progrès des Arts
utiles, & des Manufactures ne fauroient être préférables aux avantages folides, & permanens que peut produire la culture des
arbres foreftiers & à fruit portée en tous points, & en tous lieux
à fa perfection. On n'entrera pas dans le détail de ces avantages,
dont la poffibilité ne fauroit être douteufe aux yeux des con-
connoiffeurs. Il fuffit d'obferver qu'il eſt reconnu qu'à cet égard
on n'a rien à défirer en France du côté du climat, ni de la qualité du fol, qui prefque dans toutes fes parties fe prêtent mutuel-
lement à une heureufe & abondante végétation.

Il eſt certain, que vers la fin du dernier règne, on s'eſt aperçu de l'infuffifance des Pépinières exiftantes alors, & entretenues par les foins de l'Adminiftration. On étoit pareillement convaincu, que malgré les précautions prifes pour économifer fur les manipulations, les fruits de ces établiffemens ne répondoient pas aux dépenfes qu'ils occafionnoient.

On avoit commencé auffi, il y a environ trente ans, à établir dans quelques cantons des Pyrenées des Pépinières par corvées; on crut bien faire: mais on en fut bientôt défabufé, parce que parmi les habitans corveables, il y en a peu d'affez intelligens pour l'éducation des arbres.

D'après cela, j'avois imaginé qu'il feroit mieux de former ces établiffemens par entreprife, & de les multiplier tellement, que l'abondance & le bas prix des plants miffent les cultivateurs à portée de fe livrer à cette culture. Je crus auffi que le moyen le plus propre à remplir cet important objet, feroit de partager la dépenfe entre les Communautés, & les acheteurs, en forte que pendant la durée de la fourniture fixée à environ dix ans, l'Adjudicataire recevant chaque année de la Communauté une partie du prix convenu y trouvât de quoi fubvenir aux frais de culture, & qu'au moyen d'un fol par chaque arbre payable lors des livraifons par les acheteurs, on lui affurât un bénéfice honnête.

Cette méthode exécutée dans la Vallée de Baigorry en Navarre par mes foins ayant eu du fuccès, M. d'Aine alors Intendant de Bayonne, après en avoir informé le Miniftre, exhorta en 1771 par une circulaire toutes les Communautés de fon Intendance à la fuivre.

Quelques Villes profitèrent de cette invitation, mais les autres Communautés moins éclairées, accoutumées d'ailleurs à fe refufer à tous objets de dépenfe, & à ne fe décider que par le préfent, ne témoignèrent pas le même empreffement; les chofes en reftèrent là.

J'ai eu lieu de me perfuader qu'on ne parviendra jamais à multiplier ces établiſſemens, qu'à l'aide de l'autorité; il feroit bien à déſirer de les généraliſer, & d'opérer d'abord en grand, mais ſi l'on aime mieux en faire un fecond eſſai, il paroîtroit convenable de l'entreprendre entre les Pyrenées & l'océan; c'eſt une des parties du Royaume, qui demande le plus d'attention par rapport au repeuplement des Bois, & aux avantages que la Marine en retireroit; cette contrée parfemée de bruyères & de friches très-propres à cette culture eſt d'ailleurs traverſée dans preſque toutes ſes parties par des rivières navigables ou flottables; on y comprendroit la Bigorre, le Béarn, la Soule, la Baſſe-Navarre Généralité d'Auch, le Pays de Labourt, la Sénéchauſſée des Lannes dont la Ville d'Acqs eſt la Capitale, & enfin le Mont-de-Marſan Généralité de Bordeaux, ce qui formeroit preſque un carré long d'environ vingt-cinq lieues de long ſur quinze à vingt de large.

Avant que d'en venir au détail d'exécution, il a paru eſſentiel de combattre certains préjugés qui auroient pu inſpirer de l'éloignement, ou de l'indifférence pour les établiſſemens, dont il s'agit.

Quelque étendue que l'on donne aux moyens de repeupler les Bois, on ne doit pas craindre de préjudicier à la culture des grains, qu'il importe principalement de protéger. Le produit des moiſſons dépend moins de la quantité de labourables, que du nombre des laboureurs, ainſi que de la quantité & de la qualité des engrais. On peut poſer pour principe qu'à l'exception de quelques cantons très-peuplés, & où les domaines des particuliers ſont très-limités, il eſt plus avantageux de planter que de défricher, & qu'il en coûte plus de défricher un arpent de terre, le préparer, & le bonifier pour le mettre en labourable, & lui faire produire du grain, que d'en planter ſept à huit en bois au moyen des Pépinières établies ſelon la méthode, dont il s'agit.

D'où l'on doit conclure que s'il a été utile, comme on n'en peut douter, d'encourager les défrichemens, il n'eſt pas moins eſſentiel de faciliter & protéger la régénération des bois. On remarque qu'il y a peu de domaines de quelque étendue, où l'on ne trouve à placer des arbres. On fait auffi qu'il n'eft point de terrain quelque ftérile ou aride qu'il foit, où il n'en puiffe croître & parvenir d'une efpèce ou autre.

L'ufage de garnir d'arbres les bordures ou cordons des domaines eft devenu affez général en Angleterre; il y a peu de bois, où il n'y ait des clairières à remplir. On voit auffi avec douleur, que la plûpart des forêts dans les communaux font dévaftées ; partout on reconnoît la néceffité de planter, & on plante peu faute de plants convenables.

Les chofes dans cet état, on ne fauroit douter de l'utilité des Pépinières, ni de la néceffité de les multiplier ; les particuliers trouvant fous leur main, & à un bas prix des plants élevés de cette manière feront par là excités à planter ; voilà de tous les genres d'amélioration le plus facile, le moins difpendieux, & quelque fois le plus lucratif. Les plantations par leur multitude pourront former en total un objet confidérable, & une reffource inépuifable pour le fervice de la Marine.

Qu'on ne dife pas, qu'on peut fe paffer de Pépinières, qu'il eft facile d'y fuppléer, que les plants tels que chênes, châtaigniers, &c. ne font pas rares; qu'on en trouve dans les bois, dans les brouffailles, dans les bordures des héritages clôturés ; mais fi l'on veut être de bonne-foi, on doit convenir que ces plants chétifs qu'on défignera ici fous la dénomination de plants *d'aventure* malgré leur prétendue abondance fe vendent prefque partout fort cher, qu'on eft quelque fois obligé d'en faire apporter de loin & à gros frais, que ces plants qui fe fément eux-mêmes, communément broutés par les beftiaux prefqu'en naiffant, & qui n'ont pas reçu de culture font en général rabougris, noueux, de vrais avortons, & la honte des campagnes, qu'étant mal enracinés, il y en a peu qui pennent, que parmi ceux qui parviennent, il n'y en a guère de propres à donner de belles pièces de

conftruction,

construction, sur-tout lorsqu'on suit la mauvaise coutume de les étêter ; on ne peut que gémir à la vue de la plûpart des bois & bosquets parvenus par cette voie, que de dépenses perdues ! Que d'excellentes terres occupées presque inutilement !

Pour détromper tous ceux qui regardent les plants *d'aventure* comme une ressource suffisante, ou qui tiennent à d'autres préjugés opposés au rétablissement des Bois, on va rapporter ici des essais de comparaison d'une notoriété certaine, & dont les résultats s'accordent avec la théorie des plantes.

En 1745 après m'être procuré une assez grande quantité de plants de chênes *d'aventure* des plus beaux que l'on pût trouver, je les fis transplanter avec soin sur mes possessions dans la Vallée de Baigorry, & dans les années suivantes je fis semer à côté de mes Bois des glands ; la Pépinière ayant reçu une culture convenable, elle a produit de beaux plants, qui ont été transplantés dans le même domaine. Le résultat de cette expérience démontre la supériotité des arbres provenus de Pépinière ; les tiges de ces derniers déjà beaucoup plus grosses & plus hautes l'emportent à tous égards sur les Bois provenus de plants *d'aventure*, qui ont toutefois quinze ou vingt ans de plus ; la valeur de ceux-là sera tout au moins double ou triple de celle des autres ; il n'est pas douteux que la supériorité par rapport aux plants de Pépinières ne soit par-tout la même.

Regardant pareillement comme abusif l'usage assez général de laisser à découvert & dénuées d'arbres les terres en fougère, ou en tuie, ou gênet épineux, ou d'autres destinées à donner des végétaux pour l'engrais des labourables, ce qu'on appelle *soustrage* dans quelques cantons, je commençai, il y a environ 30 ans, à faire planter dans mes terres en fougère des chênes, & châtaigniers à la distance d'environ 60 pieds les uns des autres. Ces arbres ayant été élevés en Pépinière ont fait des progrés peu communs ; & malgré que leur ramification soit considérable en

B

hauteur & en largueur, les intervales qui les féparent donnent autant ou peut-être plus de fougère qu'auparavant, parce que cette plante profpère & fe plaît à l'ombre.

Ce n'eft pas ici le lieu d'approfondir la queftion, fi la fougère, le génet épineux appelé tuie ou ajonc, ou enfin ce qu'on entend par *fouftrage* ne peuvent être remplacés comme dans d'autres Provinces par d'autres végétaux ; il fuffit que l'on fache que ces terres qui comprennent tout au moins le tiers des parties occidentales de la Généralité d'Auch, ainfi que de quelques cantons de celle de Bordeaux, peuvent être rendues plus fructueufes en les parfemant de chênes, ou d'arbres à coque, à gouffe ou à noyaux qu'on diftribueroit à la diftance déjà marquée d'environ 60 pieds les uns des autres.

Pour peu qu'on foit fenfible, l'on eft vivement touché à la vue de tant de terres incultes, qui renferment néanmoins des principes de fécondité, quand les Pépinières ne ferviroient qu'à donner plus de valeur à de femblables poffeffions, ce ne feroit pas un médiocre avantage ; il s'agit préfentement d'expofer d'après mon effai la manière qui m'a paru la plus propre à former ces établiffemens, la matière étant neuve, je n'ai pû m'empêcher de m'engager dans un travail réfervé ordinairement aux Bureaux ; je m'en ferois difpenfé, s'il m'eût été poffible d'expliquer autrement mes idées avec toute la netteté qu'elles exigent. Il eft effentiel de confidérer attentivement l'enfemble.

Les inftitutions les plus fages, les plus utiles viennent fouvent à tomber, ou éprouvent dans leur origine des obftacles, faute d'avoir pris les mefures les plus précifes pour en affurer le fuccès ; celle, dont il s'agit, exige une application conftante, & une activité fuivie.

Après que Sa Majefté auroit expliqué fes intentions par Arrêt du Confeil ou autrement, M. l'Intendant rendroit une Ordonnance générale qui feroit accompagnée d'une Inftruction imprimée, où l'on infereroit une formule de conditions auxquelles les entrepreneurs feroient admis.

Projet d'Ordonnance.

Les obfervations ci-deffus détaillées, & autres analogues au fujet pourront fervir de canevas au préambule, on paffe au difpofitif.

I. Il fera établi dans chacune des Communautés d'habitans & villages du département une Pépinière par entreprife, ainfi & de la manière expliquée dans l'inftruction imprimée annexée à l'Ordonnance.

II. Le choix & la quantité de plants dont chacune des Pépinières devra être compofée feront réglés, ayant égard à l'étendue & à la nature des poffeffions des habitans, à la qualité du fol & à toutes autres circonftances particulières quelconques, à quoi il fera procédé par les Subdélégués de l'Intendance, après toutefois qu'ils en auront conféré avec un ou deux Notables ou Officiers municipaux, qui feront à cet effet choifis par les Communautés chacune à leur égard dans des affemblées générales convoquées aux formes ordinaires.

III. Enfuite de quoi, & au plûtard dans un mois l'entreprife fera mife au rabais dans les formes ordinaires par-devant les Officiers municipaux, lefquels feront tenus de recevoir les offres, & d'adjuger l'entreprife au moins offrant moyennant caution & à la charge d'exécuter & remplir les conditions & claufes rapportées dans la formule inférée dans ladite inftruction imprimée, & faute par lefdits Officiers municipaux de mettre l'entreprife au rabais, dans les fufdits délais, il y fera pourvu par les Subdélégués, pour leurs procès-verbaux ainfi que ceux defdits Officiers municipaux auxquels il fera joint des délibérations des Communautés fur les moyens de fubvenir au paiement du montant des adjudications, rapportés à M. l'Intendant être par lui ftatué ce qu'il appartiendra.

IV. En cas que les Entrepreneurs demandent de former les établiffemens dont il s'agit, fur les Communaux, ils pourront s'en entendre avec les Communautés, ainfi qu'avec les Officiers municipaux, à qui il fera libre d'indiquer & affigner à cet effet telles portions de communaux, qui feront jugées convenables, & ce à telles conditions dont on fera convenu de gré à gré avec les Entrepreneurs.

V. Il fera pareillement libre aux Communautés de vendre & aliéner dans les formes ordinaires des fonds communaux jufqu'à concurrence du montant des prix defdites adjudications, comme auffi d'affecter à cet effet telles parties de revenus patrimoniaux ou d'octrois qu'elles jugeront convenables.

Projet d'inftruction à communiquer aux Communautés d'Habitans.

Mémoire touchant la manière d'établir des Pépinières conformement aux ordres du Roi.

Le Gouvernement reconnoiffant de plus en plus la néceffité d'encourager la culture des arbres foreftiers & à fruit a adopté dans cet objet une méthode économique introduite en Navarre avec fuccès.

Elle confifte à établir par entreprife des Pépinières dans tous les lieux, paroiffes, & villages où elles peuvent être de quelque utilité, à les multiplier tellement que l'abondance & le bas prix des plants mettent les cultivateurs à portée de fe livrer à cette culture, à partager la dépenfe entre les Communautés & les acheteurs, en forte que pendant la durée de la fourniture fixée à environ 10 ans l'Adjudicataire recevant chaque année de la part de la Communauté une partie du prix convenu ait de quoi pourvoir aux frais de culture, & qu'au moyen d'un fol par chaque arbre payable lors des livraifons par les acheteurs on lui affure un bénéfice honnête.

C'eft fur ce plan qu'il a été ordonné de procéder aux établif-femens, dont il s'agit ; & pour l'inftruction des Communautés ainfi que des Adjudicataires, il a paru néceffaire d'entrer à cet égard dans quelque explication.

Suivant les marchés exécutés en Navarre chaque plant de chêne ou de châtaignier n'a coûté qu'environ deux fols, favoir moitié aux Communautés, & l'autre moitié aux acheteurs ; tandis que dans des pays voifins des plants de même efpèce fe vendent à 8 ou à 10 fols chaque.

Quoique la partie de dépenfe à la charge des Commuautés payable dans l'efpace d'environ 10 ans & fubdivifée d'année en an-née en parties égales ne foit rien moins qu'onéreufe, & que l'autre partie payable par les acheteurs foit également très-modique, néanmoins les Adjudicataires loin d'y perdre peuvent y trouver quelque avantage.

Par exemple, que la fourniture à faire foit fixée à la quantité de 6000 plants, & qu'elle foit adjugée pour la part contributoire de la Communauté moyennant 300 livres, dont l'Adjudicataire feroit payé dans dix ans à raifon de 30 livres par an, il eft peu de Communautés qui ne puiffent fans s'incommoder fubvenir à cette petite dépenfe. En joignant cette fomme de 300 livres à pareille fomme, montant du produit de la vente des plants à un fol pièce, il rentrera à l'Ajudicataire une fomme de 600 livres, il eft à remarquer qu'une Pépinière de 6000 arbres ne demande qu'une très-petite portion de terrain, favoir environ un demi ar-pent ou un peu plus fur le pied de 100 perches carrées l'arpent, & la perche de 20 pieds carrés, ce qui rend 40000 pieds carrés de fuperficie.

On conçoit qu'au moyen de 30 liv. par an, c'eft plus qu'il n'en faut pour les façons annuelles, d'autant plus que pourvu que les fé-mences levent bien dès la première année, dans ce cas, paffé les

4 ou 5 premières années, il n'y a presque rien à faire dans les Pépinières.

Par cet ordre au moyen du bénéfice provenant de la vente des plants, l'Adjudicataire est amplement dédommagé de toutes ses dépenses; joint à cela qu'il peut réduire en bois-taillis ou en échalaffière le terrain occupé par la Pépinière en y ménageant de diftance en diftance de petits balivaux. C'eft là un des principaux avantages qu'il doit pour ce qui le concerne envifager dans l'entreprife; & fi chaque Adjudicataire en ufe de même, cela procurera une augmentation totale de bois confidérable; il pourroit fous ce point de vue donner un peu plus d'étendue à la place deftinée à recevoir la Pépinière.

Il peut y avoir des lieux & des circonftances particulières, où le prix de l'adjudication devra être plus ou moins haut; mais partout il eft à défirer que les habitans les plus aifés & les plus accrédités fe mettent à la tête de ces établiffemens, ou perfonnellement, ou par prête-nom, afin d'infpirer de la confiance aux cultivateurs. Les Pépinières intéreffent par elles-mêmes, & deviennent en même - temps objet d'amufement. Il y a peu de Paroiffes, où l'on ne trouve des Citoyens aifés, animés de l'amour du bien Public, & difpofés à entrer dans des vues femblables. Quoiqu'il en foit, on ne peut douter que les marchés dont on vient de développer l'économie, ne renferment des avantages certains & réciproques. Il a paru néceffaire d'en faire paffer un modèle aux Communautés.

MODÉLE DE MARCHÉ.

Conditions auxquelles on traitera pour la fourniture à faire dans l'espace de 10 ans aux Habitans de la Communauté de de la quantité de plants, savoir de telle espèce, &c. le tout élévé convenablement en Pépinière.

1°. Le terrain destiné à être mis en Pépinière sera en plaine ou bien en pente douce de bonne qualité, point argileux ni glaiseux, ni aride, en préférant autant que faire se pourra l'exposition à l'orient, ainsi que les places les plus fraîches sans trop d'humidité, & celles dont le sol est naturellement meuble & friable.

2°. Après qu'on aura fait le choix du terrain & avant que d'y déposer les semences, on le labourera deux ou trois fois avec l'attention de le bien émotter, principalement si c'est un nouveau défrichement.

3°. Pour mettre la Pépinière en défends, & à l'abri des atteintes des bestiaux, on sera tenu de la clorre convenablement & la maintenir dans cet état.

4°. Afin que les plants ne se nuisent pas par leurs approches réciproques on laissera entre les rangs trois pieds d'intervale & tout au moins un pied entre les brins ou plantules sur les rangs.

5°. Pour tenir la Pepinière nette d'herbes, on aura soin de la sarcler chaque année vers le mois de Mai ou Juin, & ce dans les 4 ou 5 premières années seulement.

6°. Comme malgré toutes les précautions possibles il se trouve communément des plantules foibles, on sera tenu de faire récéper ou couper rès terre à la 3e. ou 4e. année en Mars ou à la fin de Février toutes celles qui ne feront pas de belle venue, avec l'attention d'élaguer & ébourgeonner proprement les fujets de la même année, provenant de fouches récépées.

7°. On élaguera pareillement les autres plants jufqu'à ce qu'ils aient environ 4 à 5 pieds de hauteur.

8°. Les plants feront livrés à fur & à mefure qu'ils auront acquis environ deux pouces & demi de diametre ou 7 à 8 pouces de circuit ou de tour. Ils feront arrachés aux dépens des Communautés ou des Acheteurs pour être diftribués ainfi & de la manière dont on fera convénu dans la Communauté, ou qui aura été réglée par M. l'Intendant.

9°. Lors de la livraifon des plants, il fera payé à l'Adjudicataire par les Acheteurs, un fol par chaque arbre. Il lui fera payé en outre chaque année dans l'efpace de 10 années un dixième du montant du prix de l'adjudication, qui fera à la charge de la Communauté, & qui fera mis au rabais dans les formes ordinaires.

10°. Pour l'exécution du marché l'Adjudicataire fera tenu de fournir bonne & fuffifante caution.

En voilà affez pour ce qui regarde les Pépinières, je paffe aux autres moyens que j'ai annoncées.

DEUXIÈME PARTIE.

Autres vues rélatives à la régénération des bois.

Il eft indubitable, que dans la majeure partie du Royaume & notamment dans certaines contrées, où à peine l'on connoît les élémens de la culture des arbres, les vrais & uniques moyens d'en favorifer les progrès dépendent d'une fage légiflation. L'inftruction

tion quelqu'utile qu'on la suppose ne suffit pas à cet égard, parce qu'en général on n'étudie guere cette partie, d'où résulte la nécessité de déployer les secours de l'autorité, afin de parvenir à garnir d'arbres tant de friches, terres vaines, & vagues propres à cette culture. Leur nudité frappante forme des non-valeurs, dont on est comptable envers la société & l'état; & si malheureusement on néglige d'y rémédier, ce qu'on ne sauroit présumer, dans ce cas à qui pourroit-on l'attribuer? Seroit-ce aux Administrateurs, ou aux Propriétaires. Question délicate. Il semble que ce seroit principalement aux premiers, parce qu'étant plus éclairés, & chargés par état des intérêts du Souverain & du Peuple, il n'appartient qu'à eux d'exciter l'industrie & de provoquer l'émulation.

Il faut cependant convenir, que les exemptions accordées aux nouveaux défrichemens, n'ont pas laissé que d'opérer un grand bien; mais le succès n'en a pas été également soutenu par tout. Il est de fait, que par rapport aux terres labourables, l'accroissement de culture n'est pas toujours avantageux. Peut-être même y en a-t-il trop maintenant; car si cette sorte de culture n'est pas en proportion avec les facultés du cultivateur, ou avec la quantité d'engrais, ou de bras qu'il peut y employer, dans ce cas il est certain que loin de l'enrichir, elle lui rendra à peine ses avances. C'est ce qu'ont éprouvé tous ceux, qui excités par l'attrait des nouvelles exemptions, ont défriché plus qu'il ne leur convenoit. On en pourroit citer des exemples.

Mais il n'en est pas de même de ce qui regarde les bois, parce qu'après les frais de plantation, ils n'exigent ordinairement ni culture, ni engrais. On ne peut donc trop les multiplier. En revanche par rapport à la législation, cela est plus compliqué, & présente plus de difficulté: on n'examinera pas ici; si elle a atteint en France sur cet objet le degré de perfection, dont elle est susceptible. Cette discussion est fort au-dessus de mes lumières; mais si l'on entreprend d'établir à cet égard un nouvel ordre de

choſes ; cette commiſſion ſeroit digne des hommes les plus éclairés , & les plus ſages. On ne ſauroit trop ſimplifier tout ce qui a
rapport à cette importante branche d'adminiſtration. Il s'agiroit
ſur-tout de bannir les entraves , en réprimant les délits par les
voies les plus ſimples , & les plus promptes , comme auſſi d'inſpirer la confiance en adouciſſant la rigueur des peines , & le joug
des aſſerviſſemens. Il faut aux champs beaucoup de liberté. Il
paroîtroit pareillement convenable de préférer à des Loix générales des Réglemens particuliers à chaque Province , & s'il
étoit poſſible à chaque contrée , le tout approprié aux circonſtan-
ces locales , qui ainſi que la nature varient à l'infini. Oſerai-je
avancer qu'il ſeroit même à ſouhaiter , qu'on délibérat dans chaque gros lieu ſur les moyens d'y parvenir au repeuplement des
bois. A quoi il ſeroit procédé à l'aſſiſtance de perſonnes de mar-
que & expérimentées , afin d'éclairer les habitans ſur leurs vérita-
bles intéréts à cet égard. La confiance éclairée agit plus puiſſam-
ment qu'on ne croit ſur l'eſprit du peuple ; mais je n'héſite pas
d'expoſer ici d'autres vues intéreſſantes.

On peut réduire à trois claſſes les friches , terres vaines , & vagues dans les différentes Provinces du Royaume , & qui ſelon les
apparences ont été originairement couvertes de forêts , ſavoir celles
qui ſont poſſédées par les Communautés laïques , & qu'on appele
communes , par les Gens de main-morte , & Communautés Régu-
lières & Séculières, & enfin par les Seigneurs & autres Propriétaires.

Si l'on multiplie les Pépinières ſuivant la méthode que j'ai dé-
véloppée , ou quelqu'autre mieux combinée , il eſt probable
qu'elles contribueront beaucoup au repeuplement des bois dans
ces trois différentes claſſes de poſſeſſions ; mais il ne ſuffiroit
peut-être pas de faire abonder les plants cultivés avec ſoin , ni
de les livrer à un bas prix aux Propriétaires des fonds propres à
les recevoir , de ſorte que pour *utiliſer* ces établiſſemens & en
tirer tout le parti poſſible , il paroît à propos d'y ajouter d'autres

encouragemens, en annonçant en même-temps quelques fortes de peines contre ceux qui ne s'empresseroient pas d'en profiter.

1°. Ce feroit un puiffant encouragement, s'il plaifoit au Roi de déclarer, qu'il regardera déformais comme fervices rendus à l'état toutes entreprifes confidérables rélativemeut aux bois, Sa Majefté exhortant tous Seigneurs tant Eccléfiaftiques, que Laïques, & généralement tous Propriétaires de friches, terres vaines, & vagues de s'occuper du foin de les mettre en valeur en les plantant en bois ou autrement. L'Intendant de la Province feroit auffi chargé de rendre compte chaque année des progrès des Pépinières, & de la quantité & efpèce d'arbres dont elles feroient compofées, comme auffi des plantations d'arbres de quelque conféquence avec la lifte de ceux qui en auroient fait les frais.

2°. Il feroit également ordonné que toutes terres incultes, vaines, & vagues, qui auroient été plantées en bois ou arbres fruitiers feront exemptes pendant l'efpace de 30 ou 40 ans de toutes impofitions quelconques, lods & ventes, franc-fief, centième denier, & que par rapport aux déclarations à faire à l'effet de jouir de ces exemptions, il en fera ufé comme à l'égard des nouveaux défrichemens.

3°. Faute par les Propriétaires, Poffeffeurs, ou Ufufruitiers de mettre lefdites terres en valeur dans l'efpace de 12 ans à commencer du premier Janvier 1784, dans ce cas & paffé ce terme elles feront impofées dans les rôles des tailles, vingtièmes & charges locales dans la même proportion, que les terres labourables taillables de la feconde claffe, & ce fans diftinction des terres nobles ou autres privilègiées, lefquelles toutefois étant dans la fuite des temps mifes en valeur re...reroient dans leur claffe primitive. Plus j'ai réflechi fur ce moyen, ainfi que fur le précédent, & toujours avec l'attention qu'infpire l'importance de la matière, plus le fuccès m'en a paru affuré. D'un côté on préfenteroit des exemptions au Propriétaire défriches, en cas qu'il les mette en bois, & de l'autre, s'il ne le fait pas, on lui annonceroit qu'il feroit un jour affujetti à une contribution non-fifcale, mais deftinée feulement à foulager les Habitans taillables. A quoi fe décideroit-il dans une alternative fi raifonnable, & que le bien public auffi-bien que l'intérêt de l'Etat fembleroient confacrer? Il feroit naturel qu'il donnât la préférence au premier de ces partis; fi cela fe réalifoit, comme il y auroit tout lieu de l'efpérer, dès lors l'ouvrage de la reftauration des bois iroit de mieux en mieux; & les friches changeant de face, on les verroit avec le temps revêtues d'arbres.

4°. Dans tous les lieux où il exifte des communaux, qui n'aient pas été partagés, & où pour maintenir la liberté de pâturages, les Habitans préférent d'y laiffer fubfifter l'indivifion à l'égard de ces fortes de fonds, Il feroit libre à chaque chef de famille du lieu ayant droit de paiffance, ou tel autre droit quelconque fur iceux d'y planter des arbres à fon profit, & à celui de fes fuccef-feurs ou ayant caufe à prorata de la part de terrain, qui lui comperoit dans le cas d'un partage général, avec défenfes de la clorre ni aliéner fans une permiffion expreffe de la Communauté, & en cas que les Habitans ne puiffent convenir entr'eux fur la part de terrain compétante aux particuliers, qui voudroient ufer de cette faculté, ni fur la quantité d'arbres à y planter, il y fera ftatué par l'Intendant de la Province ou fes Subdélégués ainfi qu'il appartiendra.

5°. En établiffant pour bafe des mefures dont il s'agit les établiffemens de Pépinières, il eft conftant que de tous les moyens d'augmenter confidérablement la valeur des terres incultes, les plus facile, & fouvent le plus avantageux confifte, comme il a déjà été remarqué à les planter en Bois. Une longue & heureufe expérience m'en a fourni la preuve la moins équivoque. A partir de là combien il importe de protéger & faciliter par toutes les voies poffibles les partages des communaux, dont en général on

ne peut revoquer en doute l'utilité ! En 1751 & les années fui-
vantes, je parvins à faire partager ceux de la Vallée de Baigorry
ma patrie, qui font préfentement en Bois, & après avoir fait im-
primer en 1769 un Mémoire dans lequel je rendis compte du
fuccès de cette opération, j'engagai les Etats de Navarre à re-
courir à ce fujet à l'autorité; ce qui a donné lieu aux Arrêts du
Confeil des 28 Octobre 1771 & 3 Mai 1773, que M. d'Aine alors
Intendant de Bayonne avoit fait rendre, & dont l'un permet aux
Communautés des Généralités de Pau & Auch de partager leurs
communaux ; & l'autre ordonne le partage de ceux qui font pof-
fédés par différentes Communautés ou Parfans.

L'événement a juftifié la fageffe de ces difpofitions. Les partages
ont pris faveur principalement en Navarre & Béarn; mais ce n'eft
pas encore affez. Les objets les plus fimples, lorfqu'ils dépendent
des fuffrages de la multitude, éprouvent prefque toujours des dif-
ficultés; il n'eft donc pas étonnant, que celles que doivent naturellement occafionner de femblables opérations, arrêtent quelque
fois les Communautés. Il femble que ce feroit à l'Adminiftration
à lever ces obftacles ; il eft poffible d'en trouver les moyens.
Quoiqu'il en foit, par tout où les Pépinières & le partage des
communaux, deux objets corélatifs, iront de pair, il en réfultera
un grand bien, & rien ne fauroit peut-être contribuer plus efficace-
ment au repeuplement des Bois.

C'eft fur ce plan qu'on a opéré dans la Vallée de Baigorry ou
dans prefque toutes fes parties ; on fe plaît à voir des arbres provenus de nos Pépinières, la plûpart châtaigniers ; on a déjà commencé à en recueillir des fruits. L'émulation a été fi vive cette
année (1783) qu'on a levé de ces Pépinières en Février & Mars
environ 4000 arbres, qui ont été tout de fuite tranfplantés fur
les lieux. Il exifte encore au-delà de 30000 arbres. On remarque
avec joie, que les habitans fatisfaits de ces établiffemens s'en pro-
mettent les avantages les plus folides; & il y a tout lieu de préfumer,

qu'il en fera de même par-tout où l'on jugera à propos d'en former de femblables. Il y a plus : les chofes felon les apparences en
iront encore mieux dans les Pays, où l'induftrie plus éclairée a
acquis pareillement plus d'activité, que dans nos contrées.

Il refte à obferver, que de toutes les efpèces d'arbres, le châtaignier eft celui qui réuffit le mieux dans la Vallée de Baigorry,
où il eft regardé comme indigène & naturel, il y parvient fans prefqu'aucune culture, il y fait des progrès rapides ; il produit abon-
damment de beaux & excellens fruits, fans qu'il foit befoin de le
greffer. Auffi la plûpart des habitans le préférent-ils au noyer & au
chêne. Ils demandent préfentement des cérifiers, quoiqu'il leur
en ait été déjà fourni : enfin malgré la difficulté qu'il y a de faire
germer la petite amande que renferme le noyau de cérife & de
garantir le femis des atteintes des mulots & autres infectes, on
en eft venu à bout cette année après plufieurs effais infructueux ;
& j'efpère de fatisfaire un jour nos habitans fur cet article, affez
intéreffant pour eux par le parti qu'ils tirent de la cérife ; ce n'eft
qu'en fe prêtant ainfi au goût du peuple, en l'encourageant, &
l'inftruifant qu'on conduit à bien ces fortes d'entreprifes.

On ne tarit pas au fujet des Bois, lorfqu'on eft vivement péné-
tré de la néceffité de leur rétabliffement. Ceffons d'accufer nos
pères, fi nous ne fongeons nous-mêmes à bien mériter à cet
égard de la poftérité. Nous naiffons en général avec le défir d'obte-
nir fes fuffrages ; & ils font communement l'objet de ce qu'on
appele gloire. On cherche à immortalifer fon nom, & on ne
réfléchit pas que la reftauration des Bois nous feroit plus d'honneur, que les productions les plus brillantes de l'efprit. On croit
même que par rapport aux intérêts de la Couronne, elle équivau-
droit à l'acquifition d'une Province ; les moyens n'en font pas
difficiles. Je me flatte de l'avoir démontré. Qu'il eft doux, lorfqu'on fe livre à cette culture, de voir au moment de leur naiffance
ces nombreufes, & différentes familles, qui s'empreffent d'occuper

le femis, & dont les membres femblent fe difputer en croiffant
l'honneur de la prééminence ! Si leur tranfplantation en Pépinière
paroît une opération violente, bientôt Ces tendres nourriffons re-
prennent leur première vigueur & réveillent l'efpérance du Cultivateur : on fe plaît à confidèrer de jour en jour leurs progrès, que
l'on apprécie par l'ombre délicieufe, dont ils couvrent le fol. Leur
adolefcence eft le fignal de leur féparation, & dès-qu'ils ont pris
en plein champ les places, qui leur font deftinées, qui pourroit
exprimer la joie, qu'on reffent au moment, ou par l'eruption
des feuilles, ils donnent des marques certaines de reprife ? Leurs
têtes orgueilleufes de réfifter, aux plus vives fecouffes des vents,
& profitant de plus en plus des heureufes influences du foleil, &
de l'atmofphère, fixent agréablement les regards du Propriétaire ;
à mefure qu'ils s'élèvent, & qu'ils embéliffent la région de l'air
par l'expenfion de leurs rameaux, il fent en quelque façon fon
exiftence s'étendre avec fa fortune, & partage par avance la fa-
tisfaction de fes fucceffeurs. Si les arbres font deftinés à de grands
ouvrages, il fe fait un plaifir de diftinguer ceux de belle venue,
& les plus propres à donner un jour des quilles de vaiffeau, des plan-
ches de bordage. S'ils font de nature à fournir les premières ma-
tières aux Sculpteurs, Tourneurs, Ménuifiers, il lui femble voir dans
leurs attéliers ces fuperbes ouvrages qui iront orner les Palais des
Grands, les Maifons des Riches ; fi ce font des arbres fruitiers,
bien-tôt par leurs productions exquifes, & qui font les délices de
l'un & de l'autre fexe, & quelque fois la reffource des pauvres, il
eft affuré d'être pleinement dédommagé de fes foins. Ni le fafte
des Cours, ni les chef-d'œuvres des Artiftes, n'offrent pas de
jouiffances plus attachantes ; & s'il en exifte de parfaites, on peut
dire qu'elles font réfervées à ces individus privilégiés, qui favent
goûter les charmes toujours rénaiffans, & toujours nouveaux de
la culture des arbres.

9 782019 950972